兒童健康生活繪本系列

U0106206

我姿勢正確，身子常挺直！

麥曉帆　著
藍曉　圖

新雅文化事業有限公司
www.sunya.com.hk

大德德常常主動幫助別人，是個乖巧的小男孩。
他很喜歡裝甲英雄，夢想成為一個英雄。

這天晚上，一位守護孩子的小精靈，為了獎勵這個乖巧的孩子，決定送一份特別的禮物給大德德，實現他的願望。

「大德德你好！我是守護孩子的小精靈！」小精靈
出現在大德德面前，說：「我知道你夢想成為裝甲英雄，
就讓我來實現你的小願望吧！」

　　說着，小精靈一揮神仙棒，「噗」的一聲，
只見大德德立即穿上了一身顏色鮮豔的裝甲，看
起來好不威風！

小精靈又補充道：「這幾天，我會看看你有沒有好好愛惜裝甲，如果你做不到的話，我就會把這個願望收回的。」

「謝謝你，小精靈！我明白了，我一定可以做得到的！」大德德自信滿滿地回答說。

　　第二天，大德德一早起來，穿上漂亮的裝甲，背起背包，便打算去家附近的遊樂場玩耍。不過，才走了幾步，他的裝甲便「嗶嗶嗶」起響了起來，讓大德德感到十分奇怪。

　　小精靈的聲音從裝甲裏傳出：「注意！注意！你走路的姿勢有問題！」

　　小精靈繼續道：「你走路的時候弓腰曲背，身體向前傾斜，這樣長期下去不但會弄傷肌肉，對健康不好，看起沒有精神呢！這一身裝甲可是設計給走路姿勢正確的小朋友穿的，不要弄壞它啊！」

健康常識知多點

為什麼會出現「寒背」的情況？

　　當我們站立、走路或坐下時，假如習慣將身體和肩膊向前傾，久而久之就會形成「寒背」。

　　我們可以透過貼牆站立，檢查自己的站立姿勢是否正確：頭部要緊貼牆壁，而頸部和腰部與牆壁之間應只留有約一隻手掌的空隙；假如出現較大的空隙，那就表示站立姿勢不正確。

大德德聽了，連忙糾正自己，走起路來
昂首闊步，看着也讓人覺得精神。

在遊樂場，每位小朋友都對大德德的裝
甲讚不絕口呢！

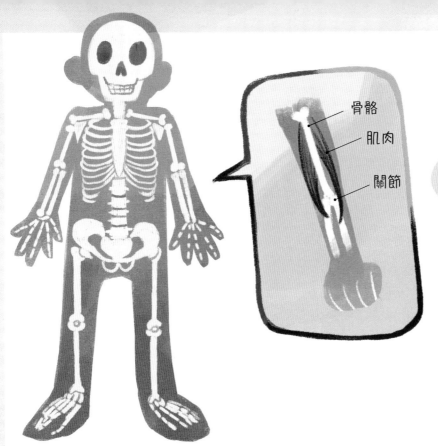

骨骼

肌肉

關節

啊！肩頸背痛了！

健康常識知多點

我們的身體由什麼支撐着的呢？

我們的身體由皮膚、肌肉、骨骼和很多不同的器官組成。皮膚就像一件緊身的保護衣服，包裹着肌肉、骨骼和身體裏的重要器官。人體約有200根骨頭，每一根都各有功用。骨骼負責保護和支撐着我們的身體，例如髗骨就似頭盔一樣保護着我們的腦部，而脊柱就像身體的樑柱。我們的骨骼能夠隨意活動，全賴關節和肌肉的配合。關節位於骨頭與骨頭之間，把它們連結在一起；而肌肉則會收縮和放鬆，讓我們能夠做出不同的動作。

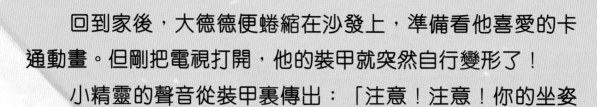

回到家後，大德德便蜷縮在沙發上，準備看他喜愛的卡通動畫。但剛把電視打開，他的裝甲就突然自行變形了！

小精靈的聲音從裝甲裏傳出：「注意！注意！你的坐姿不正確。」

大德德突然變成了一隻機械豬！他感到很驚訝，不明白發生了什麼事。坐在旁邊的妹妹小維維被嚇壞了！

健康常識知多點

為什麼我們不可以躺在沙發上看電視呢？

當我們躺在沙發上，身體需要長時間保持仰着頭，側身歪着脖子看電視，容易造成頸部肌肉僵硬疲勞，長遠也會影響視力。因此，我們不論是坐下看電視、使用電腦和書寫，都要注意保持正確的坐姿。

小精靈繼續道：「你坐在沙發上的時候，整個人向後躺着，腰部沒有任何東西支撐，不但會造成腰背痛，長久下去甚至會讓脊椎變形！你應該坐得直一點，讓上半身與坐骨保持直線，讓脊椎可以得到休息！」

14

健康常識知多點

怎樣才能保持坐姿正確？

　　我們不論是坐下看電視、使用電腦和書寫都要注意雙腳要着地，膝蓋成直角，臀部要貼着椅背，避免脊椎側彎變形，令肌肉拉扯勞損。正常的脊椎從背面看應是垂直呈一直線的。如果姿勢不正確，或會造成脊椎變形呈C型或S型側彎，引起肌肉疼痛，長遠會影響健康。

　　大德德聽了，想起自己平時看電視後總是腰痠背痛，
於是立即按小精靈的話做，坐得端端正正的。

看完了一集卡通動畫後，大德德又拿起一本圖書來看。當大德德正看得津津有味時，裝甲突然改變了顏色，並開始變冷，讓他感到很不舒服。

小精靈的聲音從裝甲裏傳出：「注意！注意！你已經坐了差不多一個小時，是時候站起來運動一下身體啦。」

健康常識知多點

為什麼我們要多做運動？

我們每天應該進行不少於一小時中等至劇烈程度的運動，例如跑步、跳繩或游泳等。多做運動可以訓練我們的心肺功能，促進血液循環、刺激骨骼生長，並且鍛煉肌肉，預防肥胖。

小精靈繼續道：「久坐對我們健康很不好，不但讓血液循環變慢，還可能會造成心血管疾病呢！何況，你的裝甲不定時活動一下的話，很容易會生鏽的。所以，你應該每坐上一小時，都站起來走動五分鐘。」

大德德點了點頭，便立即站起來活動伸展，增進血液循環。

健康常識知多點

什麼是血液循環？

　　我們的心臟和肺部一起負責控制身體的血液流動，把血液輸送到全身，給身體提供氧氣、養分和其他必需品，並去除身體內的廢物。心臟由兩個泵給合組成，分左右兩側。右側負責接受來自身體的血液，並把它發送到肺部，以吸收氧氣。左側則負責接受來自肺部的血液，並把它發送到身體各部分。

19

20

　　過了一會兒，小維維走過來對她哥哥說：「哥哥，我有一箱已經不看的圖畫書，打算捐贈到附近的慈善機構去，但這些書太重了，你可以幫我搬過去嗎？」

　　大德德拍了拍胸口，說：「當然可以啦！」

但是，當大德德彎腰準備把圖書搬起時，他的裝甲發出「卡」的一聲，彎不下來。

小精靈出現了，提醒說：「注意！注意！你這樣彎腰搬重物，不但費力，不小心的話還會拉扯肌肉和脊椎受傷呢。你應該首先蹲下，抓穩重物後，在腰背挺直的姿勢下緩慢站起來，才能避免受傷。當然，這也是一種愛護裝甲的表現啊。」

大德德按小精靈的話做，發現用這種姿勢搬重物，比以前省力得多呢。

健康常識知多點

為什麼我們搬重物時要注意姿勢？

我們彎腰搬動重物時，肌肉容易會過度用力拉扯受傷，或是不小心向前傾而跌倒，所以要格外注意保持姿勢正確，避免受傷。移動重物時，應雙膝蹲下，保持腰部挺直，將身體移近物件。要注意避免彎腰，應利用大腿和雙手的力量提起重物。

就是這樣，大德德無論是坐、站、躺、走路，還是搬重物，都保持正確的姿勢。他發現，要養成這些正確姿勢的習慣，一點兒也不困難，不但做起事來不費勁，還對自己的長期健康有好處呢！

同時，大德德整個人看上去也有自信得多，更有活力，而這可不只是那一身漂亮裝甲的功勞⋯⋯

　　這個晚上，小精靈再次出現在大德德的房間。

小精靈稱讚說：「嗯，你這幾天一直都保持着正確的姿勢，你的裝甲也因此保養得非常好，完全沒有受損。好吧！這一身裝甲，以後都是你的了。」

　　大德德聽了，高興得歡呼起來。

從此之後，大德德都不時四處向大家宣傳保持
正確姿勢的重要性。即使沒有裝甲，他也能一直保
持着正確的坐姿、站姿，時常顯得精神奕奕呢。

親子活動

要培養正確的姿勢，我們就要多鍛煉肌肉，快來跟爸媽一起進行以下運動吧！

1. 超人飛

玩法：先讓孩子趴在地上，讓孩子模仿超人飛行的動作，把雙手和雙腳伸直提起不落地，維持5至10秒，以腹部支撐身體。

目的：這個動作可以訓練我們整個背部，包括肩膀、臀部、腿部和頸部等肌肉，藉此強化站立時需要運用的肌肉。

2. 開合跳

玩法：限時1至2分鐘，跟孩子比一比誰能做出較多次數。

首先要身體站直，抬頭挺胸，眼睛望前方，雙手放鬆垂在身體兩側。

跳起來的時候，同時打開雙手、雙腳，呈「大」字型。雙手高舉過頭頂上方時可拍手。注意手腳要伸直，膝蓋不要彎曲。

落地的時候，雙手回到身體兩側，以腳尖落地，雙腳併攏。膝蓋可以微彎，減少衝擊力。

目的：這個動作可以活動到全身大肌肉羣，訓練肌肉，刺激骨骼生長，同時訓練心肺功能。

怎樣培養孩子養成正確的姿勢？

　　不少孩子常常都會懶洋洋的躺在沙發上閱讀、看手機或是用手撐着頭寫功課，這些不良的姿勢長期下來容易造成寒背或是脊椎側彎的狀況，長遠甚至影響到他們的專注力和學習能力。要培養正確的姿勢，各位爸媽可參考下列建議：

坐姿要挺直

　　孩子一旦養成了姿勢不良的壞習慣，想要改變過來就一點也不容易，因此家長們要自小提點孩子養成正確的坐姿。為孩子提供高度適當的兒童桌椅，桌子和椅子之間保持適當的距離。坐下時，要提醒孩子習慣頸項和背部要保持挺直，雙腳平放在地上。

貼牆站立姿勢好

　　別小看貼牆站立這個動作，它是最簡單而有效改善站立或走路姿勢的訓練。只要將頭、肩膀、臀部和腳緊貼着牆上，每次維持5至10分鐘。平日多做這個訓練，可以有效幫助我們改善姿勢。在站立期間，家長可以跟孩子進行小遊戲，增加趣味，例如讓孩子扮演時鐘，考考孩子用雙手比出不同的時間。

注意書包重量

　　書包的重量也會影響我們走路的姿勢，容易造成寒背、脊骨側彎和高低肩膊等問題。家長們應從小培養孩子收拾書包的習慣，避免因書包過重，而造成腰背痛和脊椎側彎。另外，背上書包時，要把肩帶調校至合適的長度，使書包集中在身體上半部，讓肌肉羣分散重量。

　　另外，平日應建立良好的運動習慣，讓孩子充分活動身體，訓練肌肉，讓身體維持在良好的姿勢。這不但有助孩子的身心成長發展，也能令他們更精神專注，提高學習能力。

兒童健康生活繪本系列

我姿勢正確，身子常挺直！

作者：麥曉帆

繪者：藍曉

責任編輯：胡頌茵

美術設計：張思婷

出版：新雅文化事業有限公司

香港英皇道 499 號北角工業大廈 18 樓

電話：(852) 2138 7998

傳真：(852) 2597 4003

網址：http://www.sunya.com.hk

電郵：marketing@sunya.com.hk

發行：香港聯合書刊物流有限公司

香港荃灣德士古道 220-248 號荃灣工業中心 16 樓

電話：(852) 2150 2100

傳真：(852) 2407 3062

電郵：info@suplogistics.com.hk

印刷：Elite Company

香港黃竹坑業發街 2 號志聯興工業大樓 15 樓 A 室

版次：二〇二一年七月初版

ISBN: 978-962-08-7799-5